ered

BEI GRIN MACHT SICH IHR WISSEN BEZAHLT

- Wir veröffentlichen Ihre Hausarbeit, Bachelor- und Masterarbeit

- Ihr eigenes eBook und Buch - weltweit in allen wichtigen Shops

- Verdienen Sie an jedem Verkauf

Jetzt bei www.GRIN.com hochladen und kostenlos publizieren

Ernst Probst

Aepyornis

Der Vogel, der die größten Eier legte

GRIN Verlag

Bibliografische Information der Deutschen Nationalbibliothek:

Die Deutsche Bibliothek verzeichnet diese Publikation in der Deutschen National-
bibliografie; detaillierte bibliografische Daten sind im Internet über http://dnb.d-
nb.de/ abrufbar.

Dieses Werk sowie alle darin enthaltenen einzelnen Beiträge und Abbildungen
sind urheberrechtlich geschützt. Jede Verwertung, die nicht ausdrücklich vom
Urheberrechtsschutz zugelassen ist, bedarf der vorherigen Zustimmung des Verla-
ges. Das gilt insbesondere für Vervielfältigungen, Bearbeitungen, Übersetzungen,
Mikroverfilmungen, Auswertungen durch Datenbanken und für die Einspeicherung
und Verarbeitung in elektronische Systeme. Alle Rechte, auch die des auszugsweisen
Nachdrucks, der fotomechanischen Wiedergabe (einschließlich Mikrokopie) sowie
der Auswertung durch Datenbanken oder ähnliche Einrichtungen, vorbehalten.

Impressum:

Copyright © 2014 GRIN Verlag GmbH
Druck und Bindung: Books on Demand GmbH, Norderstedt Germany
ISBN: 978-3-656-75524-1

Dieses Buch bei GRIN:

http://www.grin.com/de/e-book/281522/aepyornis

GRIN - Your knowledge has value

Der GRIN Verlag publiziert seit 1998 wissenschaftliche Arbeiten von Studenten, Hochschullehrern und anderen Akademikern als eBook und gedrucktes Buch. Die Verlagswebsite www.grin.com ist die ideale Plattform zur Veröffentlichung von Hausarbeiten, Abschlussarbeiten, wissenschaftlichen Aufsätzen, Dissertationen und Fachbüchern.

Besuchen Sie uns im Internet:

http://www.grin.com/

http://www.facebook.com/grincom

http://www.twitter.com/grin_com

Ernst Probst

Aepyornis

Der Vogel, der die größten Eier legte

Bild auf der vorhergehenden Seite:

*Riesen-Ei eines ausgestorbenen Elefantenvogels
der Art Aepyornis maximus in den Händen eines Mädchens,
Zeichnung von Antje Püpke, Berlin, www.fixebilder.de*

Coverbild: Friedrich Johann Bertuch (1747-1822) Piotry Gryz Warschau

*Allen Ornithologen und Paläornithologen
gewidmet*

Darstellung des Vogel Roch im „Bilderbuch für Kinder" (1806) von Friedrich Johann Justin Bertuch (1747–1822).

Vorwort

Gefiederter Riese

Ein bis zu 3 Meter hoher und mehr als 400 Kilogramm schwerer gefiederter Riese steht im Mittelpunkt des Taschenbuches „Aepyornis – Der Vogel, der die größten Eier legte". Er war der Rekordhalter unter den Elefantenvögeln, die vom Eiszeitalter vor etwa 2 Millionen Jahren bis vielleicht zur Heutzeit im 17. Jahrhundert auf der Insel Madagaskar vor der Ostküste von Afrika existierten. Weibliche Tiere des „Großen Elefantenvogels" *(Aepyornis maximus)* legten riesige Eier mit einer Länge bis zu 35 Zentimetern, einem Umfang von maximal 1 Meter und einem Gewicht von 12,5 Kilogramm, was rund 210 heutigen Hühnereiern entspricht. Für das Aussterben der Elefantenvögel auf Madagaskar dürften Menschen verantwortlich gewesen sein. Sie zerstörten durch Brandrodung den Lebensraum der Riesenvögel, jagten sie, aßen ihr Fleisch und ihre Eier. Nach Ansicht von Kryptozoologen beruht die Legende vom sagenumwobenen Vogel Roch, der angeblich im Flug einen Elefanten transportieren konnte, auf dem ausgestorbenen Elefantenvogel *Aepyornis maximus.* Verfasser des Taschenbuches „Aepyornis – Der Vogel, der die größten Eier legte" ist der Wiesbadener Wissenschaftsautor Ernst Probst, der zahlreiche Werke über urzeitliche Tiere geschrieben hat.

*Rekonstruktion des Elefantenvogels Aepyornis
im „Bioparc" in Valencia (Spanien)*

Der Vogel, der die größten Eier legte

Aepyornis

Auf der Insel Madagaskar vor der Ostküste von Afrika lebten vom Eiszeitalter (Pleistozän) vor etwa 2 Millionen Jahren bis vielleicht zur Heutzeit im 17. Jahrhundert unterschiedlich große Elefantenvögel (Aepyornithidae). Rekordhalter unter den sieben bekannten Arten der Elefantenvögel war *Aeypyornis maximus* (früher auch *Aepyornis titan* genannt) mit einer Höhe von maximal 3 Metern sowie einem Lebendgewicht von schätzungsweise mehr als 400 Kilogramm. Dieser Elefantenvogel gilt als größter Vogel aus historischer Zeit und als einer der schwersten Vögel aller Zeiten.

In der Literatur werden die Elefantenvögel auch als Madagaskar-Strauße bezeichnet. Einheimische Madagassen dagegen sprechen von Vorompatras. Der Begriff Vorompatra ist eine alte madagassische Bezeichnung für den Elefantenvogel *Aepyornis maximus* und bedeutet „Vogel der Ampatres“. Die heutige Androy-Region wurde früher als Ampatres bezeichnet. Im englischen Sprachraum ist für die Elefantenvögel der Name „elephant birds“ üblich.

Im Mittelalter erfuhr man durch den venezianischen Händler Marco Polo (um 1254–1324) von der Existenz der Insel Madagaskar. Marco hatte von 1271 bis 1295 zusammen mit seinem Vater Nicolo Polo (um 1230–1294) und seinem Onkel Maffeo Polo (1230–1309) eine abenteuerliche Reise nach China unternommen. Unterwegs hörte Marco von vielen fremden Gegenden, über die er später nicht immer wahrheitsgemäß berichtete. Seine Beschreibung der von ihm als „Madeigascar“ genannten Insel enthielt Wahres und Legenden. Weil er erwähnte, auf „Madeigascar“ würden Elefanten, Giraffen und Kamele

Venezianischer Händler
Marco Polo (um 1254–1324)

leben, die dort aber nie existiert haben, liegt nahe, dass Verwechslungen mit anderen Regionen von Afrika vorliegen.

Der Name Elefantenvogel soll auf Beschreibungen des sagenumwobenen Vogels Roch durch Marco Polo fußen. In diesen ist von einem adlerähnlichen Vogel von der Größe eines Elefanten die Rede. Eier des Vorompatra auf Madagaskar sind vielleicht als solche eines riesigen Greifvogels fehlgedeutet worden, was *Aepyornis maximus* seinen Namen einbrachte. Einer Spekulation zufolge könnte der Vogel Roch auf Sichtungen des heute ausgerotteten madagassischen Verwandten des Kronenadlers *(Stephanoaetus mahery)* zurückzuführen sein.

Madagaskar gilt als eines der letzten durch Menschen besiedelten Gebiete der Erde. Das ist ungewöhnlich, weil die Insel vor der Küste von Ostafrika liegt, welches als mutmaßliche „Wiege der Menschheit" betrachtet wird. Vielleicht hielten sich um 350 v. Chr. erstmals Menschen auf Madagaskar auf. Linguistischen und genetischen Erkenntnissen zufolge kamen die ersten Bewohner vermutlich aus Ostafrika, Süd- und Südostasien und dem Nahen Osten. Anfangs war Madagaskar dünn besiedelt. Erst als die Bevölkerung zunahm, entstanden Königreiche, unter denen diejenigen der Sakalava und Merina sowie der Betsileo die bedeutendsten waren.

Der portugiesische Seefahrer Diogo Dias (vor 1450–nach 1500) erblickte am 10. August 1500 als erster Europäer die Insel Madagaskar. Er bezeichnete sie nach dem Namenstag des Laurentius von Rom (gestorben 258) als „Sao Lorenco". Auf portugiesischen Karten erschien die Insel später auch als „Santa Apolonia" sowie als „France occidentale" oder „Ile Dauphine", bevor sie den Namen „Madagaskar" erhielt.

Ab 1509 errichteten Holländer und Franzosen auf Madagaskar erste Siedlungen an der Küste. Von 1641 an nutzten die Niederlande und später auch unter britischer oder amerikanischer Oberhoheit fahrende Händler die Insel, um Sklaven für ihre Kolonie Mauritius zu verschleppen. Dabei kamen ihnen häufige ethnische Konflikte unter

Kronenadler (Stephanoaetus),
Zeichnung von Andrew Smith (1797–1872) von 1838

der einheimischen Bevölkerung zugute. Die vorgelagerte Insel Sainte Marie diente als Handelsumschlagsplatz.

Ein erster französischer Kolonialisierungsversuch zwischen 1643 und 1672 scheiterte zunächst. Der adlige französische Naturforscher, Historiker und Geograph Étienne de Flacourt (1607–1660) berichtete von einem großen Vogel, der die Eier eines Straußes lege und die Ampatres auf Madagaskar bewohne. Jener Vogel existiere in entlegensten Regionen. Flacourt fungierte von 1648 bis 1655 für die „Französische Ostindienkompanie" als Gouverneur von Madagaskar. Auf der Insel stellte er zunächst die Ordnung unter den französischen Soldaten, die gemeutert hatten, wieder her. Seine Verhandlungen mit den Einheimischen auf Madagaskar waren weniger erfolgreich. Ihre Intrigen und Angriffe beschäftigten ihn während seiner gesamten Amtszeit. 1655 kehrte Flacourt zurück nach Frankreich. Kurz danach ernannte man ihn zum General der „Ostindischen Kompanie" und kehrte er nach Madagaskar zurück. Während der Heimfahrt von dort ertrank Flacourt auf der Höhe von Lissabon am 10. Juni 1660. Im 17. und 18. Jahrhundert diente Madagaskar Piraten als Basis.

Ein französischer Naturforscher entdeckte 1850 auf Madagaskar fossile Eier von *Aepyornis*. Diese Eier hatten einen Umfang von 95 Zentimetern und einen Inhalt von 10 Litern, was etwa 150 Hühnereiern entsprochen hätte. Solche Rieseneier sollen für 5.000 Francs pro Stück verkauft worden sein. Eingeborene erzählten damals, im Inneren der Insel würden noch solche Riesenvögel leben. Nachzulesen war dies im „Pädagogischen Archiv. Monatszeitschrift für Erziehung und Unterricht an Hoch-, Mittel- und Volksschulen" (1905). Darin hieß es auch, *Aepyornis* sei 4 Meter hoch gewesen und hätte „Schenkel wie ein heutiger Ochse" besessen.

Dem französischen Naturforscher Alfred Grandidier (1836–1921) glückte – laut Online-Lexikon „Wikipedia" – zwischen 1865 und 1870 während einer seiner Forschungsreisen auf Madagaskar die Entdeckung fossiler Reste eines Elefantenvogels. Laut heutiger Systematik gehören diese Vögel zur Überklasse Kiefermäuler (Gnathostomata), Reihe

*Französischer Naturforscher, Historiker und Geograph
Étienne de Flacourt (1607–1660)*

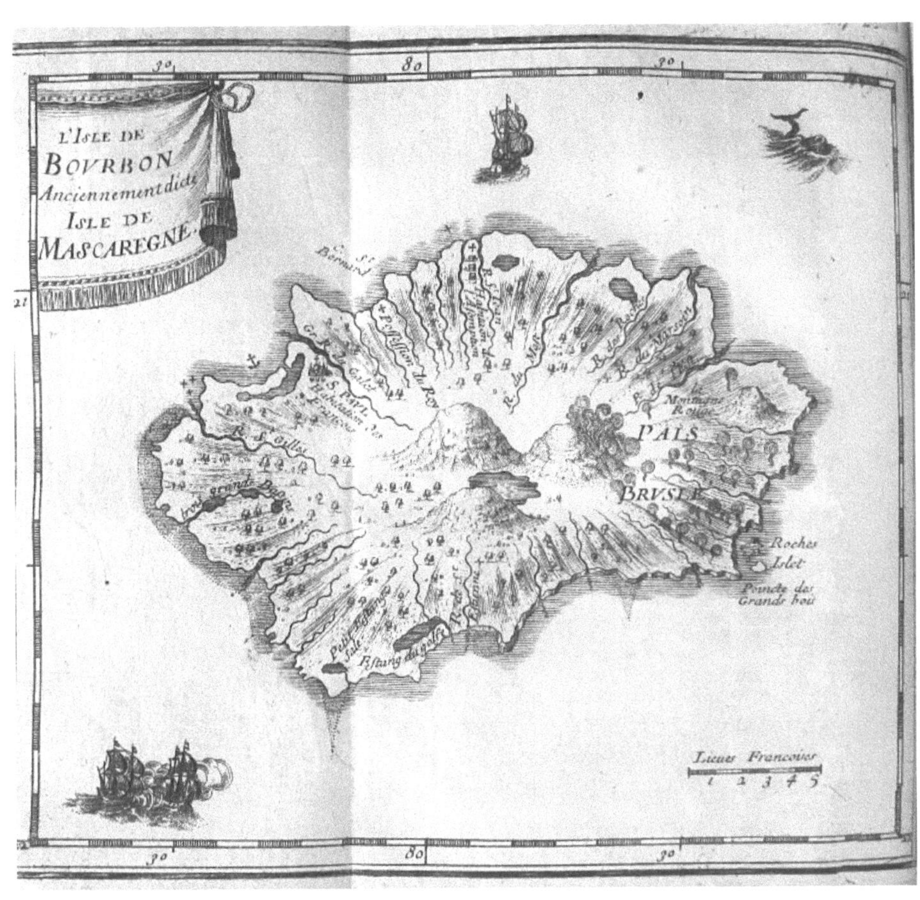

*Karte von Madagaskar
in „Historie de la grande isle Madagascar" (1658)
von Étienne de Flacourt (1607–1660)*

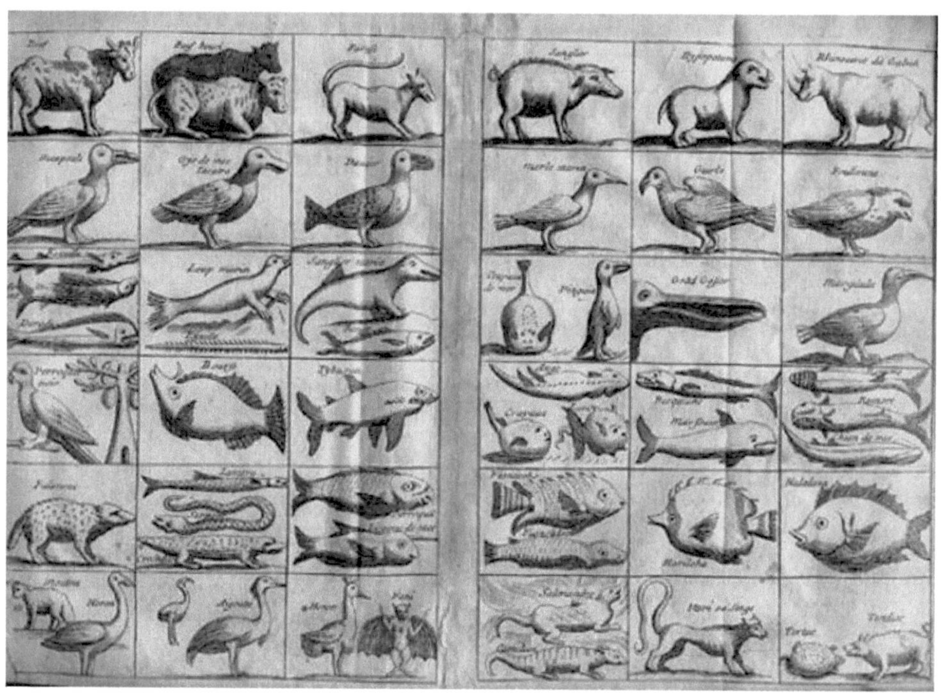

Tiere von Madagaskar
in „Historie de la grande isle Madagascar" (1658)
von Étienne de Flacourt (1607–1660)

Gravierung in
„Historie de la grande isle Madagascar" (1658)
von Étienne de Flacourt (1607–1660)

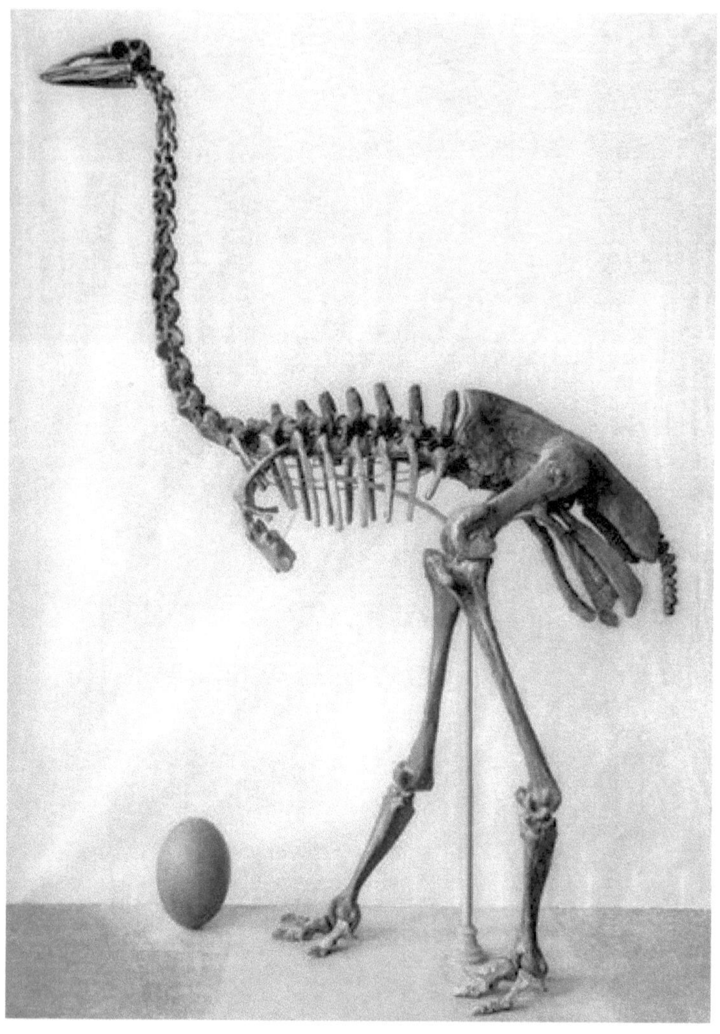

*Skelett von Aepyornis in „Quaternary of Madagaskar"
von Louis Monnier (1873–1929)*

Landwirbeltiere (Tetrapoda), Klasse Vögel (Aves), Unterklasse Urkiefervögel (Palaeognathae), Ordnung Aepyornithiformes und Familie Elefantenvögel (Aepyornithidae). Die Ordnung Aepyornithiformes wurde 1884 durch den englischen Zoologen und Ornithologen Alfred Newton (1829–1907) erstmals wissenschaftlich beschrieben. Die wissenschaftliche Erstbeschreibung der Familie Aepyornithidae erfolgte bereits 1853 durch den Ornithologen und Politiker Charles Lucien Jules Laurent Bonaparte (1803–1857), einen Neffen von Napoléon Bonaparte (1769–1820).

Zur Familie der Elefantenvögel rechnet man heute zwei Gattungen. Die größere davon heißt *Aepyornis* („Hoher Vogel"). Die kleinere Gattung *Mullerornis* („Mullervogel") ist nach dem 1892 auf Madagaskar von feindlich gesinnten Mitgliedern der Volksgruppe der Sakalava ermordeten französischen Entdecker Georges Muller benannt.

Zur Gattung *Aepyornis* gehören vielleicht die vier Arten *Aepyornis maximus, Aeypyornis medius, Aepyornis hildebrandti* und *Aepyornis gracilis*. Die wissenschaftliche Erstbeschreibung von *Aepyornis maximus* („Großer Elefantenvogel") erfolgte 1851 durch den französischen Zoologen und Ethologen Isidore Geoffrey Saint-Hilaire (1805–1861). *Aepyornis medius* („Mittlerer Elefantenvogel") wurde 1866 von Alphonse Milne-Edwards und Alfred Grandidier beschrieben. Erstbeschreiber von *Aepyornis hildebrandti* („Hildebrandt's Elefantenvogel") war 1893 der schweizerische Paläontologe Carl Rudolf Burckhardt (1866–1908). Mit dem Artnamen *hildebrandti* ehrte er den deutschen Botaniker und Forschungsreisenden Johann Maria Hildebrandt (1847–1881). Mit einer Höhe von maximal 1,50 Metern und einem Lebendgewicht von schätzungsweise 65 Kilogramm soll *Aepyornis hildebrandti* der kleinste Elefantenvogel gewesen sein. *Aepyornis gracilis* („Graziler Elefantenvogel") ist 1913 durch den französischen Arzt Louis Monnier (1873–1929) nur anhand eines einzelnen Oberschenkelknochens (Femur) beschrieben worden. Dieser Oberschenkelknochen könnte aber auch von einem kleinen Exemplar einer anderen Art, nämlich „Hildebrandt's Elefantenvogel", stammen.

Französischer Zoologe und Ethologe
Isidore Geoffrey Saint-Hilaire (1805–1861)

Rekonstruktion des „Küsten-Elefantenvogels" (Mullerornis agilis) von „DFoidl" bei „Wikipedia"

Australischer Großer Emu (Dromaius novaeholliandiae),
Abbildung in „Birds of Australia" (1865)
von John Gould (1804–1881)

Bild auf Seite 20:

Afrikanischer Strauß (Struthio camelo),
Abbildung in „The Royal Natural History"
von Richard Lydekker (1849–1915)

Schädel eines Elefantenvogels (Aepyornis maximus)
im „Museum national d'Histoire naturelle", Paris

Die Gattung *Mullerornis* umfasst vielleicht die drei Arten *Mullerornis betsilei* („Betsile-Elefantenvogel"), *Mullerornis agilis* („Küsten-Elefantenvogel") und *Mullerornis rudis* („Robuster Elefantenvogel"). Diese Arten wurden alle 1894 durch die französischen Naturforscher Alphonse Milne-Edwards und Alfred Grandidier beschrieben. Sämtliche Arten von *Mullerornis* waren kleiner als diejenigen von *Aepyornis*. Das Lebendgewicht von *Mullerornis betsilei* wird auf maximal 45 Kilogramm geschätzt.

Der „Küsten-Elefantenvogel" (*Mullerornis agilis)* wurde nur anhand eines einzigen fossilen Knochens (Tibiotarsus), der an der Südwest-Küste von Madagaskar bei Morondava gefunden wurde, erstmals wissenschaftlich beschrieben. Weitere Reste dieser Art entdeckte man später in Ambolistra, Belo und Ampoza im Südosten sowie in Antsirabe und Ampasambazimba im Zentrum der Insel. *Mullerornis agilis* war kleiner als ein heutiger Afrikanischer Strauß *(Struthio camelo)* mit einer Höhe bis zu 2,50 Metern, aber größer als ein jetziger australischer Großer Emu *(Dromaius novaeholliandiae)* mit einer Höhe bis zu 1,90 Metern. Die Erstbeschreibung des „Robusten Elefantenvogels" (*Mullerornis rudis)* erfolgte anhand zweier fossiler Knochen (Tibiotarsus und Tarsometatarsus), die man an der Westküste von Madagaskar zwischen Bélo und Morondava barg.

Womöglich bevorzugte *Mullerornis* eine andere Nahrung als *Aepyornis*. Die Eierschalen von *Mullerornis* waren dünner und glatter als diejenigen von *Aepyornis*.

Es ist umstritten, ob es sich tatsächlich um sieben verschiedene Arten von Elefantenvögeln handelt. Denkbar wäre, dass unterschiedlich große Exemplare einer Art irrtümlicherweise zwei verschiedenen Spezies zugeordnet wurden.

Sämtliche Elefantenvögel gelten als flugunfähige Laufvögel, die sich nur auf dem Boden aufhielten. Ihr Schädel war klein, ihr Hals lang, ihr Flugapparat gänzlich zurückgebildet und ihr Skelett kräftiger als beim Strauß. Ihre Armknochen sind bis auf den Oberarmknochen verloren gegangen. Das Brustbein war flach und ungekielt.

Londoner Zoologe und Paläontologe Richard Owen (1804–1892)
neben dem Skelett eines Riesen-Moa
der Art Dinornis novaezealandiae, die er 1843 beschrieb

Wie bei den ausgestorbenen Moa, den heute lebenden australischen Emus und den südamerikanischen Nandus endeten die kräftigen Beine der Elefantenvögel mit drei Zehen. Im Gegensatz dazu besitzen die Afrikanischen Strauße aus der Gegenwart nur zwei Zehen. Die Zehen der Elefantenvögel ließen sich weit abspreizen, um das Körpergewicht zu verteilen. Nach den stark verlängerten, dicken Oberschenkelknochen zu schließen, konnten die Elefantenvögel nicht allzu schnell laufen. Im Gegensatz dazu sind die Strauße die schnellsten Lebewesen auf zwei Beinen.

Trotz seiner imposanten Maße war der bis zu 3 Meter hohe Elefantenvogel *Aepyornis maximus* nicht der größte Vogel der Erdgeschichte. Weibliche Tiere der einst auf Neuseeland beheimateten Riesen-Moa *(Dinornis)* übertrafen ihn mit einer Scheitelhöhe bis zu 3,60 Metern. Ähnlich groß wie *Aepyornis maximus* waren *Dromornis stirtoni* aus dem Miozän in Australien oder *Brontornis burmeisteri* in Argentinien, die beide bis zu 2,80 Meter hoch waren.

Rekonstruierte Skelette des Elefantenvogels *Aepyornis maximus* werden nur in wenigen naturkundlichen Museen ausgestellt. Je nach Beugung des Halses erreichen diese Rekonstruktionen eine unterschiedliche Höhe.

Von *Aepyornis maximus* liegen Funde von 8 Millimeter dicken Eierschalen und sogar von kompletten Eiern vor. Dem Buch „Wissenswertes über drei Vögel, die es nicht mehr gibt" des schweizerischen Autors Kurt Schläpfer zufolge sind etwa 50 Eier von Elefantenvögeln vollständig erhalten geblieben. Sechs solcher Eier werden in schweizerischen Museen aufbewahrt. Außerdem gibt es Dutzende von Elefantenvogel-Eiern, die aus Schalenresten rekonstruiert sind.

Der Umfang vollständiger Elefantenvogel-Eier beträgt bis zu einem Meter und eine Länge bis zu 35 Zentimetern. 1922 veröffentlichte der ungarische Paläontologe Kálmán Lambrecht (1889–1936) die Maße von 20 *Aepyornis*-Eiern. Die Angaben für die Länge reichten von 21,5 bis 35,1 Zentimetern, für die maximale Höhe von 19,9 bis 24,7

Stirton-Donnervogel (Dromornis stirtoni) aus Australien, Lebensbild von Nobu Tamura, http://spinops.blogspot.com

*Rekonstruktionszeichnung von Brontornis
von „Sabelgsd" bei „Wikipedia"*

*Ei eines ausgestorbenen Elefantenvogels (Aepyornis), oben,
und heutiges Hühnerei (unten links)
im „Museo Geologico Giovanni Capellini" in Bologna (Italien)*

Zentimetern und für die Schalendicke von 1,33 bis 3,65 Millimetern. In einer 2003 erschienenen Publikation wurde die Größe von 43 Elefantenvogel-Eiern aus Madagaskar beschrieben. Das größte dieser Eier hat ein Volumen von 10,7 Litern, was einem Gewicht von etwa 12,5 Kilogramm und rund 210 Hühnereiern mit einem Durchschnittsgewicht von 60 Gramm entspricht. Die 43 erwähnten Eier haben ein Durchschnittsgewicht von rund 9,6 Kilogramm und somit ein Gewicht von ungefähr 160 Hühnereiern. Der ausgestorbene Riesen-Moa von Neuseeland, der als größter Vogel aller Zeiten gilt, legte „nur" Eier mit einem Volumen von vier Litern. Die größten heutigen Straußen-Eier bringen es auf ein Volumen von zwei Litern. Der Umfang vollständiger Elefantenvogel-Eier beträgt bis zu einem Meter und eine Länge bis zu 34 Zentimetern.
Sollten Ureinwohner auf Madagaskar jemals das Ei eines lebenden Elefantenvogels gefunden haben, wäre ihnen ein Festmahl möglich gewesen.
Ob die Eier von Elefantenvögeln tatsächlich größer als solche von Dinosauriern waren, lässt sich nicht sagen. Nach Angaben von „Scinexx.de Das Wissensmagazin" waren die größten Dinosaurier-Eier mehr als 30 Zentimeter lang und etwa 25 Zentimeter breit. Andererseits überraschte die deutsche Tageszeitung „Die Welt" am 18. April 2012 mit der sensationellen Nachricht, im Kaukasus in Tschetschenien seien angeblich bis zu 102 Zentimeter lange Dinosaurier-Eier entdeckt worden. Dies wäre das Dreifache dessen gewesen, was Paläontologen bis dahin annahmen. Die russische Expertin Valentina Nasarova aus Moskau dementierte allerdings, so große Dinosaurier-Eier gebe es nicht.
Seltenheiten sind Eierfunde von Elefantenvögeln mit Embryo. Eine solche Rarität wird in den USA aufbewahrt, wurde dort untersucht und ist in der „National Geographic Society's Explorer Hall" der Universität in Austin (Texas) zu bewundern. Das Ergebnis der wissenschaftlichen Untersuchung und dreidimensionale CT-Aufnahmen des Elefanten-vogel-Embryos wurde von der Universität im Internet veröffent-

*Rekonstruktion
eines Elefantenvogels
(Aepyornis maximus)
von „ voir ci-dessous "
bei „ Wikipedia "*

licht. Knochen der Elefantenvogel-Embryos sind auffällig robust gebaut. Dagegen wirken die Schlüpflinge heutiger Strauße eher grazil.

Im April 2007 sorgte die Versteigerung eines riesigen Elefantenvogel-Eies durch das Auktionshaus „Christies" in London weltweit für Aufsehen. Dieses imposante Ei fand für umgerechnet 72.000 Euro einen neuen Besitzer. Ende April 2013 wurde bei „Christies" ein im späten 19. oder im frühen 20. Jahrhundert gefundenes, 30,5 Zentimeter langes und maximal 22,9 Zentimeter hohes Elefantenvogel-Ei versteigert. Ein anonymer Interessent erwarb dieses Ei nach zehn Minuten telefonisch für 101.830 US-Dollar (umgerechnet 79.290 Euro). Kurz vor Ostern 2014 erzielte ein weiteres Elefantenvogel-Ei einen Preis von 148.350 Euro. Bei „eBay" sind aus Eierschalen rekonstruierte Elefantenvogel-Eier mitunter bereits für rund 1.500 Euro erhältlich.

Manchmal sind Riesen-Eier von Elefantenvögeln auf Madagaskar nahe der Meeresküste in den Indischen Ozean geraten und vom Wasser teilweise Tausende von Kilometern transportiert worden. Auf diese Weise gelangten zwei *Aepyornis*-Eier von Madagaskar bis nach Australien.

In den 1930-er Jahren entdeckte der zehnjährige Victor („Vic") Roberts in einer Sanddüne südlich des Scott River bei Augusta in Western Australia ein riesiges Vogel-Ei. Der Fundort liegt etwa 200 Kilometer südlich von Perth und ist rund 100 Meter von der Meeresküste entfernt. Als „Vic" bemerkte, wie schwer dieses Ei war, machte er ein Loch in der Schale und entleerte den Inhalt, der ihm wie Sand erschien. Der Fossiliensammler Harry Butler erblickte 1962 in einem Farmhaus in Nannup diesen ungewöhnlichen Fund und informierte darüber das „Western Australian Museum" in Perth. Großzügigerweise überließ der Entdecker „Vic" Roberts das seltene Fossil dem Museum als Leihgabe. Das so genannte „Scott River-Ei" ist 27,6 Zentimeter lang, maximal 20,7 Zentimeter hoch und hat eine bis zu 4 Millimeter dicke Schale. 1968 erzählte der 46-jährige „Vic", der inzwischen ein angesehener Viehzüchter und Lokalpolitiker war, einer Zeitung in Western Australia nur „einen Katzensprung" von dem Vogel-Ei entfernt, habe er damals

Größer als ein Kinderkopf: Riesen-Ei eines Elefantenvogels, Zeichnung von Antje Püpke, Berlin, www.fixebilder.de

zumindest einen Teil eines Skeletts mit seinem sehr großen Schädel und Schnabel gesehen. Weil sich die Sanddünen durch Wind ständig verschoben und verändert hätten, habe er die Skelettreste später nicht mehr finden können.

Drei australische Schüler stießen Weihnachten 1992 in einer Sanddüne, etwa 7 Kilometer nördlich von Cervantes in Western Australia sowie rund 300 Meter von der Meeresküste entfernt, auf ein noch größeres Vogel-Ei. Jenes Ei ist 31,7 Zentimeter lang und hat eine bis zu 3,45 Millimeter dicke Schale. Ein Artikel in der Zeitung „The Sunday Times" vom 21. März 1993 über diesen Fund erregte großes Aufsehen. Es folgten Versuche der Entdecker, das Riesen-Ei zu verkaufen, und Diskussionen über die Eigentümerrechte, weil das Fossil auf Regierungsland geborgen worden war. Schließlich zahlte die Regierung von „Western Australia" freiwillig 25.000 Dollar an die Familien der Entdecker und das Riesen-Ei kam in das „Western Australian Museum" in Perth, wo es unter der Fundnummer „WAM93.9.1" aufbewahrt wird. John A. Long berichtete 1993 in der wissenschaftlichen Publikaton „Australian Natural History" über das „Cervantes-Ei". 1998 befassten sich John A. Long, Patricia Vickers-Rich, Karl F. Hirsch, Emily Bray und Claudio Tuniz mit den 1930 und 1992 in Western Australia entdeckten Riesen-Eiern. Größe und Struktur dieser Riesen-Eier deuten nach ihrer Ansicht darauf hin, dass es sich um fossile Eier des Elefantenvogels *Aepyornis maximus* auf der Insel Madagaskar im Indischen Ozean vor Ostafrika handelt. Datierungen mit der Radio-karbon-Methode ergaben ein Alter von etwa 2.000 Jahren für das „Cervantes-Ei". Die Forscher Long, Vickers-Rich, Hirsch, Bray und Tuniz vermuteten, das „Scott River-Ei" und das „Cervantes-Ei" seien auf dem Indischen Ozean von Madagaskar nach Australien geschwemmt und nicht durch Menschen dorthin gebracht worden. Auch Eier heute lebender Vögel werden zuweilen von weit her auf dem Ozean nach Western Australia transportiert. Auf diese Weise sind im Januar 1974 und im März 1991 Eier des auf subarktischen Inseln brütenden Königs-Pinguins *(Aptenodytes patagonicus)* aus riesiger Entfernung nach

Western Australia gedriftet. Ein Ei von einem Afrikanischen Strauß *(Struthio camelus)* wurde in den frühen 1990-er Jahren beim Fischfang in der Timor-See nordwestlich der Küste von Western Australian im Netz geborgen.

Die meisten heute lebenden Laufvögel sind Allesfresser (Omnivoren). Manche Forscher meinen, dick beschalte Regenwaldfrüchte auf Madagaskar hätten von den Elefantenvögeln verdaut werden können. Eine solche Frucht sei die heute stark bedrohte Kokospalme *Voaniola gerardii*. Einige madagassische Palmfrüchte wie *Revenea louvelli* und *Satranala decussilvae* besäßen eine dunkelblau-violette Farbe wie jene Früchte, die von Kasuaren bevorzugt werden.

Die einzigen großen Räuber auf Madagaskar, die den Elefantenvögeln gefährlich werden hätten können, waren Krokodile. Solchen Panzerechsen konnten die großen und kräftigen Laufvögel aus dem Weg gehen. Außer ihrer enormen Größe und Kraft besaßen die Elefantenvögel keine weiteren Mittel zur Verteidigung. Sie trugen keine Zähne in den Kiefern, hatten keine Flügel zum Davonfliegen und keine Klauen an den Füßen. Mit ihren elefantenartigen Beinen konnten sie vermutlich kräftige Tritte versetzen.

Nach den Funden zu schließen, existierten die Elefantenvögel nur auf Madagaskar. Madagaskar trennte sich bereits in der Kreidezeit vom Kontinent Afrika.

Für das Aussterben der Elefantenvögel auf Madagaskar sind vermutlich Menschen verantwortlich. Diese großen Vögel dienten offenbar als Fleischlieferanten. Als Beweis hierfür gelten Reste geschlachteter Elefantenvögel. Hinzu kam, dass die Eier als Mahlzeiten zubereitet wurden, wofür es Belege gibt. Eine schädliche Rolle spielte wahrscheinlich die von Ureinwohnern betriebene Brandrodung, welche den Lebensraum der Elefantenvögel zerstörte. Vielleicht sind zudem durch eingeführtes Geflügel gefährliche Krankheiten übertragen worden.

Der genaue Zeitpunkt des Aussterbens der Elefantenvögel ist umstritten. Archäologische Funde beweisen ein Fortleben bis mindestens zum Jahr 1000. Mitunter wird ein Überleben bis ins 17. Jahrhundert spekuliert.

Nach Ansicht von Kryptozoologen beruht die Legende vom sagenumwobenen Vogel Roch (auch Roc, Rock, Rokh, Ruk oder Ruhk genannt) auf dem ausgestorbenen Elefantenvogel *Aepyornis maximus*. In „Meyers Konversations-Lexikon von 1888 heißt es: „Der Vogel Rock ist in den arabischen Märchen ein Vogel von so fabelhafter Größe und Stärke, dass er einen Elefanten durch die Lüfte zu tragen vermag. Er ist ein gebräuchliches Vehikel für Luftreisen, die in den arabischen Märchen so häufig sind, und spielt auch seine Rolle in der mittelhochdeutschen Poesie".

Ein früher historischer Hinweis auf die Gleichsetzung des Vogel Roch und des Elefantenvogels *Aepyornis* befindet sich in einem Werk über Madagaskar von Hieronymus Megiser (um 1554–1618/1619), das 1623 in Leipzig erschien. Darin wird Marco Polo zitiert, der eine sehr lange Feder des Vogels gesehen haben soll, die von Madagaskar stammen sollte. Das Werk von Megiser trug den unendlich langen Titel „Wahrhafftige/ gründliche vnd außführliche, so wol Historische alß Chorographische Beschreibung der veberauss reichen/ mechtigen vnd weitberhuembten Insul MADAGASCAR, sonsten S. LAVRENTII genandt/ welche heutigs tags fuer die allergroessseste auff dem Meer/ in dem gantzen umbkreiß der Welt gehalten wird. Sampt erzehlung aller derselben Qualiteten vnd gelegenheiten/ Einwohnern/ Thieren Fruechten vnd Erdgewaechsen. Auch aller Geschichten/ so sich darinnen vor vnd seidher sie erfunden worden/ zugetragen haben. Auch angehengtem Dictionario vnd Dialogis der Madagascarischen Sprach. Alles mit sondrem fleiß aus dem Portugesischen/ Italienischen vnd Lateinischen/ auch anderen Sprachen Historicis vnd Geographis zusammen gezogen/ verdeutschet/ vnd mit artigen Kupfferstücken gezieret".

Angeblich sah der legendäre Vogel Roch aus wie ein riesiger Adler. Er soll eine Flügelspannweite von 27 Metern erreicht haben. Man hielt ihn für so stark, dass er mit seinen Krallen sogar einen Elefanten davontragen konnte. Dabei flog er angeblich mit seinem Beutetier in große Höhe und ließ es von dort fallen. Dann soll er das Fleisch seines zerschmetterten Opfers gefressen haben.

Bild auf Seite 37:

Darstellung des sagenumwobenen Vogel Roch
beim Transport eines jungen Elefanten
von Charles Maurice Detmold (1883–1908).
Er war der Zwillingsbruder des britischen Buchillustrators
Edward Julius Detmold (1883–1957).

Britischer Schriftsteller Herbert Georges Wells (1866–1916),
Foto von Frederick Hollyer (1838–1933) um 1890

Dem Vogel Roch soll Sindbad der Seefahrer, der bekannteste Held aus den morgenländischen Märchen von „Tausendundeiner Nacht", begegnet sein. Während seiner zweiten Reise wurde Sindbad auf einer Insel vergessen. Dort entdeckte er ein Ei des Vogels Roch und band sich mit seinem Turban an einen Fuß des Riesenvogels, als sich dieser zum Brüten niedergelassen hatte. Der Vogel trug Sindbad in ein großes Tal voll Schlangen und Diamanten. Dort waren Kaufleute Kadaver von den umliegenden Bergen herab. Die Diamanten blieben am Fleisch haften und wurden dann von Adlern nach oben getragen. Auf diese Weise kamen die Kaufleute in den Besitz von Edelsteinen. Sindbad rettete sich, indem er sich ein Stück Fleisch vor die Brust band. Er wurde nach oben getragen und schloss sich den Kaufleuten an.

Im niederländischen Freizeitpark Efteling stellt die Achterbahn „Vogel Rok" eine Attraktion dar. Sie ist thematisch am legendären Vogel Roch angelehnt.

Der britische Schriftsteller Herbert Georges Wells (1866–1916) schilderte in seiner Kurzgeschichte „Aepyornis Island" (1894) die Abenteuer eines Fossiliensammlers, der Knochen und Eier des zu dieser Zeit nicht mehr existierenden Elefantenvogels auf der Insel Madagaskar entdeckt hatte. Wells gilt als Pionier der Science-Fiction-Literatur.

Die spannende Geschichte „Aepyornis Island" handelt von einem Mann namens Butcher, der an der Ostküste von Madagaskar in einem Sumpf einige Knochen und vier Eier von *Aepyornis* fand. Jedes der Eier war anderthalb Fuß (etwa 45 Zentimeter) lang und so frisch, als sei es eben erst gelegt worden. Butcher und zwei Eingeborene trugen die Rieseneier zu einem Boot, mit dem sie an der Küste entlang gefahren waren. Dabei wurde einer der Eingeborenen von einem Insekt oder Skorpion gebissen und ließ ein Ei auf einen Stein fallen, wobei es zerbrach. Verärgert über dieses Missgeschick gab Butcher dem Mann einige Hiebe.

Als Butcher mit Kaffeekochen beschäftigt war, türmten die beiden Eingeborenen mit dem Boot und drei unversehrt gebliebenen *Aepyornis*-Eiern. Einen der Flüchtenden traf Butcher mit seinem Revolver, worauf der Mann mitsamt Ruder über Bord ging. Butcher schwamm nachts mit einem Klappmesser zwischen den Zähnen hinter dem auf das Meer hinaustreibenden Kanu her. Irgendwann erreichte er das Kanu, stieg hinein und wunderte sich, dass sich der Eingeborene auf dem Boot nicht mehr regte. Er war tot und Butcher warf ihn ins Wasser.

Während er mit dem Kanu zehn Tage lang auf dem Meer trieb, aß Butcher zwei der *Aepyornis*-Eier. Das erste Ei schmeckte ihm nicht schlecht und reichte ihm – zusammen mit Zwieback und einem Schluck aus einer Wasserflasche – drei Tage lang. Beim Öffnen des zweiten Eies entdeckte er bestürzt einen Embryo mit dickem Kopf, gekrümmtem Rücken und sichtbarem Herzschlag in der Kehle. Doch sein Hunger war so groß, dass er auch dieses Ei verzehrte, obwohl einige Bissen unangenehm schmeckten.

Irgendwann trieb Butcher mit dem Kanu auf eine einsame Insel mit einigen Bäumen und einer Quelle zu und landete dort. Nachdem bei einem Sturm sein Boot zertrümmert worden war, baute er mit übrig gebliebenen Planken und aus beieinander stehenden Bäumen ein Hütte. An jenem Tag bettete Butcher seinen Kopf auf das Riesenei, bevor er einschlief. Durch ein Krachen wachte er auf und erblickte, dass ein Ende des Eies aufgepickt war und ein kleiner, brauner Vogelkopf herausguckte.

Butcher fütterte das *Aepyornis*-Küken mit dem Fleisch von Papageien-fischen, die reichlich in der Lagune vorkamen. Wie Robinson Crusoe bezeichnete er seinen freundlichen Gefährten als Freitag. Fast zwei Jahre lang lebten der Mann und der schnell wachsende Vogel auf dem Atoll, dem Butcher den Namen Aepyornis-Insel gab, glücklich zusammen. Doch die Beziehung zwischen Mensch und Vogel verschlechterte sich allmählich, als Freitag ungefähr 14 Fuß (rund 4,20 Meter) hoch war. In einer Zeit, in der Butcher beim Fischen wenig Erfolg hatte, kam es zu einem unerfreulichen Zwischenfall. An einem Morgen wollte der Mann einen Fisch allein essen. Aber Freitag pickte nach dem Fisch und packte ihn. Butcher schlug Freitag leicht auf den Kopf, damit dieser den Fisch fallen lassen sollte. Daraufhin hieb der Vogel mit dem

Schnabel den Mann ins Gesicht und trat mit den Beinen so kräftig wie ein Pferd nach ihm. Bei der Flucht ins Wasser der Lagune rannte Freitag hinterher und hämmerte mit seinem Schnabel auf den Hinterkopf des Flüchtenden.

Fortan gelang es Butcher nicht mehr, den rachsüchtigen, vorsintflutlichen Riesenvogel wieder freundlich zu stimmen. Eine Hälfte seiner Zeit verbrachte der Mann bis zum Hals im Wasser, die andere Hälfte auf irgendeiner Palme.

Eines Tages gelang es Butcher, den Vogel mit einem Trick zu überlisten. Er fertigte aus Angelschnüren eine lange Leine an und befestigte an den Enden zwei Korallenklumpen. Der erste Wurf mit der Leine verfehlte den Vogel noch, aber der zweite schlang sich um seine Beine und brachte Freitag zu Fall. Sobald der Vogel am Boden lag, eilte Butcher aus dem Wasser und schnitt ihm mit seinem Messer den Hals durch. Den Kadaver warf er in die Lagune, wo ihn Fische auffraßen.

Nach dieser Tragödie litt Butcher unter großer Einsamkeit und Heimweh nach dem Riesenvogel. Er dachte bereits daran, Selbstmord zu begehen, als glücklicherweise ein Mann auf die Insel kam, der mit einer Jacht unterwegs war und nachsehen wollte, ob dieses Atoll noch existiere. Butcher verkaufte die Knochen, die er in dem Sumpf auf Madagaskar geborgen hatte, an einen Händler nahe des Britischen Museums in London.

*Episode aus der 5. Reise von Sinbad dem Seefahrer
in „Tausend und eine Nacht"
von Gustave Doré (1832–1883),
Zeichnung aus dem Jahre 1865*

Zweite Reise Sindbads

Auszug aus dem Buch „Tausend und eine Nacht" (1865),
Übersetzung von Dr. Gustav Will (1808–1889)

Nach meiner ersten Reise war ich, wie ich gestern erzählt habe, wieder zu meinem frühern Wohlleben in Gesellschaft von Freunden zurückgekehrt. Diese Lebensweise dauerte eine Weile. Eines Tages, als ich sehr vergnügt war, ergriff mich die Lust zu reisen und zu handeln wieder. Ich kaufte Waren, die sich zu einer Seereise eigneten, und schiffte mich auf einem guten Schiffe mit anderen Handelsleuten ein. Nachdem wir uns den Segen Gottes erfleht hatten, lichteten wir die Anker und gingen unter Segel.

Wir fuhren von Insel zu Insel, von Land zu Land, von Stadt zu Stadt, sahen uns alles an und machten vorteilhafte Tauschgeschäfte. Eines Tages warf uns das Geschick, nach Gottes Willen, auf eine Insel, die reich an verschiedenen Fruchtgattungen, Blumen und Vögeln, aber so verlassen war, daß wir weder eine Wohnung, noch überhaupt ein menschliches Wesen entdecken konnten. Der Kapitän ankerte vor dieser Insel, die Reisenden stiegen aus und ergötzten sich an diesen Bäumen, Bächen und Vögeln, und bewunderten die Schöpfung Gottes. Auch ich verließ das Schiff, setzte mich an einer sprudelnden Quelle nieder und ließ mir von einem Sklaven kostbare Speisen auftragen. Nachdem ich gegessen und getrunken hatte, schickte ich den Diener wieder mit dem Tische aufs Schiff zurück, ich aber erquickte mich an der klaren Luft, die mich umwehte, und schlief ein. Als ich erwachte, sah ich das Schiff nicht mehr, und fand mich ganz allein, das Schiff war abgesegelt und niemand hatte an mich gedacht. Da überfiel mich so großer Kummer und Ärger, daß mir fast die Galle zersprang, denn ich hatte keinerlei Lebensmittel, noch sonst was bei mir, war innerlich und äußerlich erschöpft und verzweifelte am Leben. Ich gab mich allerlei Gedanken hin, seufzte und jammerte, schalt mich selbst, daß ich eine zweite Reise unternommen, da ich doch zu Hause mit meiner Familie bei größtem

Fabelwesen im „Bilderbuch für Kinder" (1806)
von Friedrich Johann Justin Bertuch (1747–1822):
Basilisk, Phoenix (oben),
Vogel Roch mit Zelt und Mensch auf dem Rücken (Mitte),
Einhorn, Baumlamm mit pflanzlichen und tierischen Eigenschaften
sowie Drache (unten)

Überflusse an Speisen, Getränken und Kleidung, in Ruhe hätte leben können. Ich bereute es, Bagdad verlassen und mich nochmals auf die See begeben zu haben, nachdem ich das erstemal schon so viel gelitten, und sogar ohne Gottes besondere Gnade umgekommen wäre. Ich geriet fast von Sinnen.

Zuletzt ergab ich mich in den Willen Gottes, ging eine Weile gedankenlos umher, dann stieg ich auf einen hohen Baum, um von da aus nach allen Seiten zu spähen, ob ich einen Menschen entdecke. Meine Blicke schweiften über die Meeresfläche hin, konnten jedoch nichts als Himmel und Wasser entdecken.

Endlich erblickte ich auf der Insel etwas Weißes. Ich stieg vom Baume und wendete mich nach der Seite, wo ich den Gegenstand meiner Aufmerksamkeit wahrgenommen hatte.

Schon in einiger Entfernung bemerkte ich, daß es eine außerordentlich große weiße Kugel war. Näher gekommen, berührte ich sie und fand, daß sie zarter als Seide war. Ich ging um dieselbe herum, um nach einer Öffnung zu sehen, ohne daß ich jedoch eine entdecken konnte; ich hielt es auch für unmöglich, hinaufzusteigen, da sie sehr glatt war. Sie konnte fünfzig Schritte im Umfange haben. Als die Sonne sich zum Untergang neigte, verfinsterte sich auf einmal die Luft, wie wenn sie von einer dunklen Wolke bedeckt gewesen wäre. Großes Erstaunen über diese Erscheinung befiel mich, denn wir waren im Sommer, ich entdeckte aber, daß sie von einem Vogel von außerordentlicher Größe herrührte. Es fiel mir bei, daß mir die Matrosen oft von einem Vogel, den sie Rock nannten, erzählt hatten, und daß die große Kugel, die mich in ein solches Erstaunen versetzt hatte, ein Ei dieses Vogels sein müsse. In der Tat, er schlug sein Gefieder auseinander und ließ sich darauf nieder, gleichsam um es auszubrüten.

Als der Vogel auf dem Ei saß und seine Füße ausstreckte, erhob ich mich, band mich daran fest mit der Binde meines Turbans, denn ich dachte bei mir: morgen wird der Vogel seinen Flug fortsetzen und könnte dich auf diese Weise von dieser verlassenen Insel auf bewohntes Land bringen, dann machst du die Binde wieder los, brauchst nicht mehr auf

Inseln umherzuziehen und bist vor wilden Tieren sicher. So brachte ich die Nacht wachend zu. Am folgenden Morgen flog er, sobald der Tag anbrach, davon und trug mich tief in die Wolken hinein, daß ich nichts mehr unter mir sah; er schien das Gewicht, das an einem seiner Füße hing, durchaus nicht mehr zu spüren, als wenn eine Feder an seinen Krallen hinge; darauf stieg er aus der schreckhaften Höhe wieder herab mit einer Schnelligkeit, die mir die Besinnung raubte. Als er wieder mit mir Boden gefaßt hatte, band ich schnell die Binde los, die mich an ihn gefesselt hatte. Kaum war mir dies jedoch gelungen, als er mit dem Schnabel eine Schlange von unerhörter Größe erfaßte und mit ihr davonflog. Hierüber war ich sehr erstaunt und verlor meinen Mut. Nachdem ich mich wieder etwas gefaßt hatte, stellte ich Betrachtungen über meine Lage an. Der Ort, wo ich mich befand, war ein großer Hügel, unter mir war ein großes, weites Tal, von allen Seiten mit Bergen umgeben, deren Spitzen sich in den Wolken verloren, so daß kein Auge sie sehen konnte, noch jemand imstande war, sie zu ersteigen. Ich machte mir Vorwürfe über das. was ich getan und sagte: es gibt keinen Schutz und keine Macht, außer bei Gott, dem Erhabenen! Sowie ich einer Gefahr entgehe, gerate ich in eine andere.

Während ich im Tale umherging, entdeckte ich, daß dessen Boden aus Diamant bestand. Es ist ein sehr harter, fester Stein, den man weder mit Eisen, noch mit Stahl brechen kann, und der zum Zerschneiden von Porzellan und Perlen und Mineralien gekauft wird. In dem Tale gibt es auch eine große Anzahl Schlangen, so lang und dick, wie ein großer Dattelbaum, so daß jede von ihnen einen Elefanten hätte verschlingen können. Während des Tages zogen sie sich in ihre Höhlen, aus Furcht vor dem Vogel Rock, zurück und kamen erst des Nachts zum Vorschein. Ich ging im Tale umher, bis ich eine große Höhle erblickte, ich ging auf sie zu und trat hinein. Den Eingang, der nieder und eng war, verstopfte ich mit einem großen Stein. Als ich mich aber in der Höhle umsah, entdeckte ich eine große Schlange, welche auf Eiern von der Größe eines Elefanten lag. Ich konnte die ganze Nacht vor Furcht nicht schlafen, denn ich erblickte bald noch andere von gleicher Art. Doch nahm ich mich zusammen und hielt mich wach, bis der Tag anbrach und einen Schein in die Höhle warf, da schob ich den Stein von der Höhle weg, ging heraus, und wandelte, vom langen Wachen und von Furcht wie eine Leiche aussehend, im Tale umher. Auf einmal fiel ein geschlachtetes Tier vom Berge herab. Als ich dies sah, fiel mir ein, was mir früher ein Kaufmann erzählt hatte: Es gibt einen Berg von Diamantstein, der aber so hoch ist, daß ihn niemand besteigen kann, die Kaufleute gebrauchen aber eine List, um sich Diamantsteine zu verschaffen. Sie schlachten ein Lamm, ziehen ihm die Haut ab und werfen das Fleisch in das Tal, so daß Steine an dem frischen Fleisch hängen bleiben. Wenn dann die Adler dieses Fleisch nehmen und damit auf die Höhe fliegen, so gehen die Landsleute auf die Adler los und zwingen sie durch starkes Geschrei, davonzufliegen und das Fleisch im Stich zu lassen, worauf die Kaufleute die Diamanten von den Fleischstücken lösen und mitnehmen, und das Fleisch den Raubtieren überlassen. Sie bedienen sich dieser List, weil es kein anderes Mittel gibt, um Diamanten und Magnetsteine zu gewinnen.

Ich fing an, viele Diamanten zu sammeln und einzustecken. Ich nahm also das Stück Fleisch und band es mit dem Tuche meines Turbans an meine Brust fest. Bald kam ein Adler und faßte mit seinen Krallen dasjenige Stück, in das ich mich hineingebunden hatte, und trug es auf den Gipfel des Berges und wollte es verzehren, aber die Handelsleute, die in der Nähe waren, schrien laut und machten großen Lärm mit Brettern, um den Adler von seiner Beute zu verscheuchen, was ihnen auch gelang. Ich aber machte mich, sobald der Adler das Lamm verlassen hatte, los und blieb daneben stehen. Einer derselben näherte sich hierauf und suchte nach Steinen an dem Tiere, und als er keine fand, schrie er: Wehe! Wehe! alle meine Mühe war vergebens, meine Reise bringt mir keinen Vorteil. Als er dann seinen Blick auf mich warf, erschrak er. Ich sagte: »Fürchte nichts, mein Bruder, ich bin ein Mensch wie du, ich bin auf wunderbare Weise hierher gekommen. Auch sollst du keinen Schaden haben, ich besitze viele Diamantsteine und gebe dir mehr, als du an diesem Tiere gefunden hättest, dem ich meine Rettung verdanke, da ich mit demselben auf diesen Berg gekommen bin, sei nur ohne Sorge!« Ich hatte nicht sobald geendigt, als die anderen Handelsleute, die mich bemerkt hatten, sich um mich versammelten und ihr Erstaunen, mich zu sehen, ausdrückten, das ich noch durch Erzählung meiner Geschichte vermehrte. Sie sagten mir, daß ein jeder von ihnen ein solches geschlachtetes Tier ins Tal werfe, und zeigten mir die Diamanten, die jeder gewonnen hatte. Da zog ich eine Handvoll aus meiner Tasche und gab sie dem Kaufmann, mit dessen Lamm ich auf den Berg gekommen war, und da es mehr war, als er gefunden hätte, freute er sich sehr und dankte mir. Die übrigen Diamanten verkaufte ich den Kaufleuten, und ließ mir einen Beutel geben und legte das übrige Geld in einen Gurt, den ich bei mir trug. Ich reiste dann mit ihnen von Land zu Land und von Stadt zu Stadt, machte überall Geschäfte, bis wir glücklich in Baßrah anlangten.

Unter vielen Inseln, die wir durchwanderten, war auch eine, auf welcher der Kampferbaum wächst, der so dick und laubig ist, daß hundert Menschen in seinem Schatten Platz haben. Die Flüssigkeit, die den Kampfer gibt, fließt aus einer Öffnung, die man mit einer langen Lanze oben am Baume macht. Dieselbe sieht wie Milch aus, verdichtet sich wie Gummi und bildet den Saft des Baumes; nachdem die Flüssigkeit ausgelassen, dörrt der Baum und stirbt ab.

Auf der nämlichen Insel gibt es Rhinozeros, Tiere, größer und stärker als der Elefant, sie weiden wie Büffel, deren es viele Sorten auf dieser Insel gibt, und wie Stiere bei uns frei umher; sie tragen ein zehn Ellen langes starkes Horn, so dick wie ein Dattelbaum. Man sieht darauf Umrisse, die einen Menschen vorstellen. Das Rhinozeros schlägt sich, wie mir ein Reisender erzählt hat, mit dem Elefanten, durchbohrt ihm den Leib mit seinem Horn und trägt ihn auf seinem Kopfe, ohne eine Last zu spüren, umher, bis er tot ist; bald jedoch fließt im Sommer bei der Hitze das Fett des Elefanten über seine Augen und macht sie blind. Darauf kommt der Vogel Rock, umfaßt sie beide mit seinen Krallen, um sie in sein Nest zu tragen und seine Jungen damit zu füttern. Ich habe auf jener Insel noch andere Merkwürdigkeiten und Wunderdinge

gesehen. Als wir nach Baßrah kamen, hielten wir uns einige Tage auf, dann reisten wir nach Bagdad. Meine Familie freute sich über meine glückliche Ankunft und meine Freunde beglückwünschten mich und ich machte ihnen sowohl als meinen Nachbarn viele Geschenke, setzte wieder mein Handelsgeschäft fort mit allerlei Waren und Edelsteinen, derer ich mehr als früher besaß, schaffte mir schöne Diener an und ließ es wohl sein bei gutem Essen, Trinken und allerlei Zerstreuungen. Ich ward wegen meiner Abenteuer bewundert und von jedem, der eine große Reise unternehmen wollte, zu Rat gezogen.
Hiermit schloß Sindbad die Erzählung seiner zweiten Reise. Er gab noch hundert Zechinen dem Lastträger und lud ihn auf den folgenden Tag ein, die Erzählung der dritten Reise zu hören.

Literatur

COX, Barry / DIXON, Douglas / GARDINER, Brian / SAVAGE, R. J. G.: *Aepyornis titan.* In: Dinosaurier und andere Tiere der Vorzeit, S. 177, München 1989
FLACOURT, Étienne de: Historie de la grande isle Madagaskar, Paris 1658
GESCHICHTE SINDBADS, DES SEEFAHRERS
http://www.1000and1.de/deutsch/kultur/literatur/sindbad.htm
HAUBOLD, Hartmut / DABER, Rudolf: Aepyornithiformes. In: Fossilien, Minerale und geologische Begriffe, Frankfurt am Main 1989
HUME, Julian P. / WALTERS, Michael: Extinct Birds, London 2012
SCHOUBYE, J.: Die Verwendung von Paläontologie und Urgeschichte im geographischen Unterricht. In: FREIYTAG, Ludwig: Pädagogisches Archiv. Monatsschrift für Erziehung und Unterricht an Hoch-, Mittel- und Volksschulen, 47. Jahrgang, S. 1–15, Braunschweig 1905
MEGISER, Hieronymus: Wahrhafftige/ gründliche vnd außführliche, so wol Historische alß Chorographische Beschreibung der veberauss

reichen/ mechtigen vnd weitberhuembten Insul MADAGASCAR, sonsten S. LAVRENTII genandt/ welche heutigs tags fuer die allergroesseste auff dem Meer/ in dem gantzen umbkreiß der Welt gehalten wird. Sampt erzehlung aller derselben Qualiteten vnd gelegenheiten/ Einwohnern/ Thieren Fruechten vnd Erdgewaechsen. Auch aller Geschichten/ so sich darinnen vor vnd seidher sie erfunden worden/ zugetragen haben. Auch angehengtem Dictionario vnd Dialogis der Madagascarischen Sprach. Alles mit sondrem fleiß aus dem Portugesischen/ Italienischen vnd Lateinischen/ auch anderen Sprachen Historicis vnd Geographis zusammen gezogen/ verdeutschet/ vnd mit artigen Kupfferstücken gezieret. Leipzig 1623
MONNIER, Louis: Paléontologie de Madagascar. VII. Les *Aepyornis*. Annals de Paleontologie 8, S. 125–172, Paris 1913
PROBST, Ernst: Rekorde der Urzeit. Landschaften, Pflanzen und Tiere, München 1992
SCHLÄPFER, Kurt: Der Vogel, der die größten Eier legte. Aus: Wissenswertes über drei Vögel, die es nicht mehr gibt, S. 6–12, Engelburg 2008
WELLS, H. G.: Die Aepyornis-Insel. Aus: H. G. Wells Meistererzählungen, S. 86–100, Zürich 1996
WIKIPEDIA (Online-Lexikon) Elefantenvögel
http://de.wikipedia.org/wiki/Elefantenv%C3%B6gel
WIKIPEDIA (Online-Lexikon) Roch
http://de.wikipedia.org/wiki/Roch

Bildquellen

Antje Püpke, Berlin, www.fixebilder.de: 1
Reproduktion einer Abbildung in „Bilderbuch für Kinder" (1806) von Friedrich Johann Justin Bertuch (1747–1822): 4
El fosilmaniaco / CC-BY-SA3.0: 6 (via Wikimedia Commons), lizensiert unter CreativeCommons-Lizenz by-sa-3.0-de,

http://creativecommons.org/licenses/by-sa/3.0/legalcode
Porträt eines unbekannten Künstlers aus der „Gallery of Monsignor
Badia" in Rom aus dem 16. Jahrhundert: 8 (via Wikimedia
Commons), Lizenz: gemeinfrei (Public domain)
Reproduktion einer Zeichnung von Andrew Smith (1797–1872) von
1838: 10
Reproduktion eines Porträts aus dem 17. Jahrhundert: 12 (via
Wikimedia Commons), Lizenz: gemeinfrei (Public domain)
Reproduktionen von Gravierungen aus „Histoire de la grande Isle
Madagascar" von Étienne de Flacourt (1607–1660): 13, 14, 15
Reproduktion eines Fotos aus „Quaternary of Madagascar" (1913)
von Louis Monnier: 16 (via Wikimedia Commons), Lizenz:
gemeinfrei (Public domain)
Reproduktion eines Porträts vor 1861: 18 (via Wikimedia
Commons), Lizenz: gemeinfrei (Public domain)
DFoidl / CC-BY-SA3.0: 19 (via Wikimedia Commons), lizensiert
unter CreativeCommons-Lizenz by-sa-3.0-en,
http://creativecommons.org/licenses/by-sa/3.0/legalcode
Reproduktion einer Abbildung in „The Roayal Natural History" von
Richard Lydekker (1849–1915): 20
Reproduktion einer Abbildung in „Birds of Australia" (1865) von
John Gould (1804–1881): 21
LadyofHats: 22 (via Wikimedia Commons), Lizenz: gemeinfrei
(Public domain)
Reproduktion eines Fotos in „Memoirs on the extinct wingless birds
of New Zealand" (1879): 24 (via Wikimedia Commons): Lizenz:
gemeinfrei (Public domain)
Nobu Tamura / http://spinops.blogspot.com / CC-BY-SA3.0: 26 (via
Wikimedia Commons), lizensiert unter CreativeCommons-Lizenz
by-sa-3.0-en, http://creativecommons.org/licenses/by-sa/3.0/
legalcode
Sabelgsd / CC-BY-SA3.0: 27 (via Wikimedia Commons), lizensiert
unter CreativeCommons-Lizenz by-sa-3.0-en,

http://creativecommons.org/licenses/by-sa/3.0/legalcode
Ghedoghedo / CC-BY-SA3.0: 28 (via Wikimedia Commons),
lizensiert unter CreativeCommons-Lizenz by-sa-3.0-en,
http://creativecommons.org/licenses/by-sa/3.0/legalcode
voir ci-dessous / CC-BY-SA3.0: 30 (via Wikimedia Commons),
lizensiert unter CreativeCommons-Lizenz by-sa-3.0-en,
http://creativecommons.org/licenses/by-sa/3.0/legalcode
Antje Püpke, Berlin, www.fixebilder.de: 32
Reproduktion einer Zeichnung von Charles Maurice Detmold
(1883–1908): 37 (via Wikmedia Commons), Lizenz: gemeinfrei
(Public domain)
Reproduktion eines Fotos von Frederick Hollyer (1838–1933)
um 1890: 38
Reproduktion einer Zeichnung von Gustave Doré (1832–1883)
von 1865: 42 (via Wikimedia Commons), Lizenz: gemeinfrei (Public
domain)
Reproduktion einer Abbildung in „Bilderbuch für Kinder" (1806)
von Friedrich Johann Justin Bertuch (1747–1822): 44
Museon, Den Haag: 53 (via Wikimedia Commons), Lizenz:
gemeinfrei (Public domain)
Svtiste / CC-BY-SA3.0: 55 (via Wikimedia Commons), lizensiert
unter CreativeCommons-Lizenz by-sa-3.0-de,
http://creativecommons.org/licenses/by-sa/3.0/legalcode
Klaus Benz, Fotograf, Mainz-Laubenheim: 56
Reproduktion einer Zeichnung des Berliner Tiermalers Heinrich Harder
(1858–1935): 58

Elefantenvogel Aepyornis, Dodo (Dronte) und Strauß
(von links nach rechts) im „Museon Den Haag"

Teile des Vogelskeletts

1 Schädel (Cranium)
2 Halswirbel
3 Gabelbein (Furcula)
4 Rabenbein (Coracoid)
5 Rippe
6 Brustbeinkamm (Carina sterni)
7 Kniescheibe (Patella)
8 Tarsometatarsus
9 erste Zehe
10 Tibiotarsus
11 Wadenbein (Fibula)
12 Oberschenkelknochen
13 Schambein
14 Sitzbein
15 Darmbein
16 Schwanzwirbel
17 Pygostyl
18 Synsacrum
19 Schulterblatt
20 Notarium
21 Oberarmknochen (Humerus)
22 Elle (Ulna)
23 Speiche
24 Carpometacarpus
25 Digitus minor
26 Digitus major
27 Daumen oder Alula (Digitus alulae)

Quelle: Wikipedia

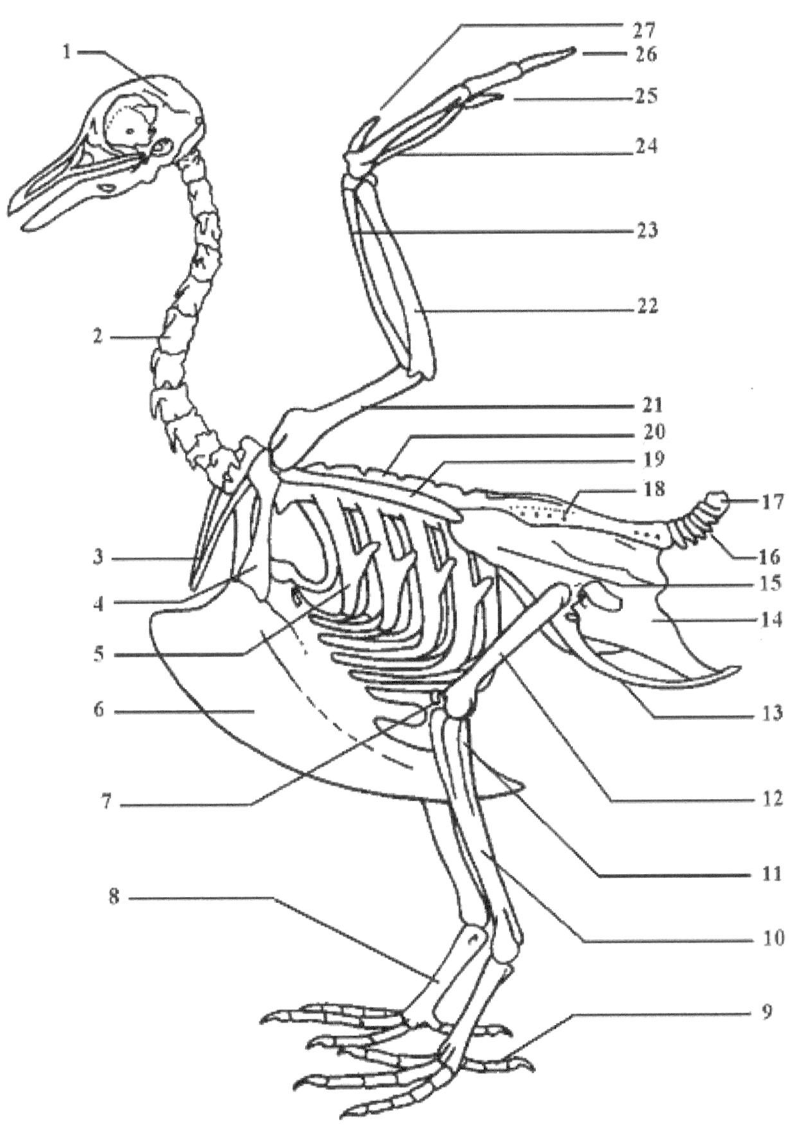

1
2
3
4
5
6
7
8
9
10
11
12
13
14
15
16
17
18
19
20
21
22
23
24
25
26
27

Autor Ernst Probst

Der Autor

Ernst Probst, geboren am 20. Januar 1946 in Neunburg vorm Wald im bayerischen Regierungsbezirk Oberpfalz, ist Journalist und Wissenschaftsautor. Er arbeitete von 1968 bis 1971 als Redakteur bei den „Nürnberger Nachrichten", von 1971 bis 1973 in der Zentralredaktion des „Ring Nordbayerischer Tageszeitungen" in Bayreuth und von 1973 bis 2001 bei der „Allgemeinen Zeitung", Mainz. In seiner Freizeit schrieb er Artikel für die „Frankfurter Allgemeine Zeitung", „Süddeutsche Zeitung", „Die Welt", „Frankfurter Rundschau", „Neue Zürcher Zeitung", „Tages-Anzeiger", Zürich, „Salzburger Nachrichten", „Die Zeit", „Rheinischer Merkur", „Deutsches Allgemeines Sonntagsblatt", „bild der wissenschaft", „kosmos", „Deutsche Presse-Agentur" (dpa), „Associated Press" (AP) und den „Deutschen Forschungsdienst" (df). Aus seiner Feder stammen die Bücher „Deutschland in der Urzeit" (1986), „Deutschland in der Steinzeit" (1991), „Rekorde der Urzeit" (1992), „Dinosaurier in Deutschland" (1993 zusammen mit Raymund Windolf) und „Deutschland in der Bronzezeit" (1996). Von 2001 bis 2006 betätigte sich Ernst Probst als Buchverleger sowie zeitweise als internationaler Fossilienhändler und Antiquitätenhändler. Insgesamt veröffentlichte er mehr als 300 Bücher, Taschenbücher, Broschüren und über 300 E-Books.

Lebensbild eines Riesen-Moa der Gattung Dinornis des Berliner Tiermalers Heinrich Harder (1858–1935)

Bücher von Ernst Probst

Aepyornis. Der Vogel, der die größten Eier legte
Archaeopteryx. Die Urvögel aus Bayern
Argentavis. Der größte fliegende Vogel
Brontornis. Riesenvögel in Argentinien
Dinornis. Der größte Vogel aller Zeiten
Dromornis. Der schwerste Vogel aller Zeiten
Gastornis. Der verkannte Terrorvogel
Harpagornis. Der größte Greifvogel der Neuzeit
Hesperornis. Der große Vogel des Westens
Pelagornis. Der größte Meeresvogel
Phorusrhacos. Der riesige Terrorvogel
Rekorde der Urzeit. Landschaften, Pflanzen und Tiere
Rekorde der Urmenschen. Erfindungen, Kunst
und Religion
Tiere der Urwelt. Leben und Werk
des Berliner Malers Heinrich Harder
Dinosaurier von A bis K. Von Abelisaurus
bis zu Kritosaurus
Dinosaurier von L bis Z. Von Labocania
bis zu Zupaysaurus
Dinosaurier in Deutschland
Dinosaurier in Baden-Württemberg
Dinosaurier in Bayern
Dinosaurier in Niedersachsen
Raub-Dinosaurier von A bis Z
Der Ur-Rhein. Rheinhessen vor zehn Millionen Jahren
Als Mainz noch nicht am Rhein lag
Der Rhein-Elefant. Das Schreckenstier von Eppelsheim
Krallentiere am Ur-Rhein

Menschenaffen am Ur-Rhein
Säbelzahntiger am Ur-Rhein
Johann Jakob Kaup. Der große Naturforscher
aus Darmstadt
Säbelzahnkatzen. Von Machairodus bis zu Smilodon
Die Säbelzahnkatze Machairodus
Die Säbelzahnkatze Homotherium
Die Dolchzahnkatze Megantereon
Die Dolchzahnkatze Smilodon
Deutschland im Eiszeitalter
Der Mosbacher Löwe
Höhlenlöwen. Raubkatzen im Eiszeitalter
Der Höhlenlöwe
Eiszeitliche Raubkatzen in Deutschland
Eiszeitliche Geparde in Deutschland
Eiszeitliche Leoparden in Deutschland
Löwenfunde in Deutschland, Österreich
und der Schweiz
Der Höhlenbär
Das Mammut
Monstern auf der Spur. Wie die Sagen über Drachen, Riesen
und Einhörner entstanden
Affenmenschen. Von Bigfoot bis zum Yeti
Nessie. Das Monsterbuch
Seeungeheuer. 100 Monster von A bis Z
Tiere der Urwelt. Leben und Werk des Berliner Malers
Heinrich Harder

Bestellungen bei: www.grin.com